动物色彩图画书

我爱浓妆艳抹

[美]菲利斯·林巴赫尔·蒂尔德斯 文/图

蓝晓楼 译

少年儿童出版社

在寻找浆果和种子的时候，我那耀眼的红色羽毛为冬日增添了一道靓丽的光彩。

我是谁？

北美红雀

当冬季的冰雪开始融化，我开始寻找伴侣。它的羽毛虽然没有我的那么鲜艳，但它会和我合唱一曲欢快的歌："唧唧，唧唧，唧唧。"

我给了它我最爱的食物——葵花子。

我轻轻咬下长在温水礁石上的鲜艳珊瑚。

我那明亮的蓝色鳞片使我与海水融为一体。

我是谁？

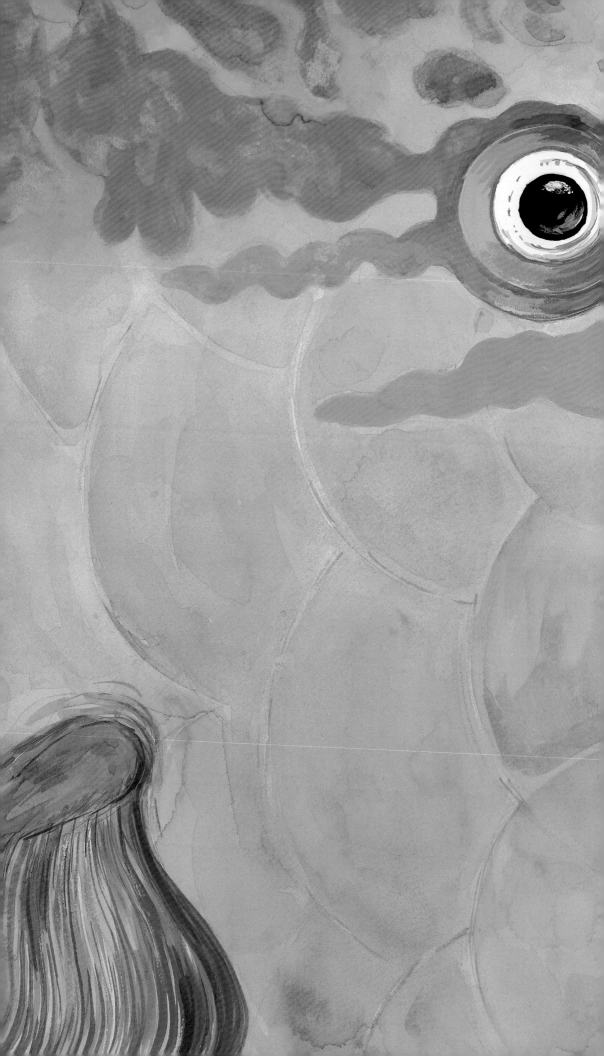

鹦嘴鱼

就像热带的鸟儿一样，我的身上也有很多颜色。我的嘴和鹦鹉的喙非常相似，可以压碎和咬碎那些硬邦邦的珊瑚。那些散落的晚餐碎屑将会变成海滩上的细沙。

我个子不大，但是我浑身毛茸茸的，还有很多只脚。
我要吃一大捆树叶当午餐。

我是谁？

毛毛虫

我是一只黄熊毛虫。我喜欢吃卷心菜和玉米。

我会做一个柔软的茧，在里面静静地等待，直到变成一只弗吉尼亚灯蛾。

我那粉色的肚子让我看起来像是一株漂亮的植物，但其实我是动物。我的触手会随着海水的流动而摇摆。

我是谁？

海葵

我会用使猎物昏眩的刺来攻击和诱捕它们，但我的朋友小丑鱼可以很安全地藏在我的触手里。作为回报，它们会帮我赶跑敌人。

我那优雅的绿色鳞片就像祖母绿宝石一样闪闪发光，我还拥有爬行动物标准的"微笑"、长尾巴和爪子。

我是谁？

鬣蜥

我是一只大蜥蜴。我喜欢在享受完叶子
和水果大餐后，慵懒地躺在热带树木的
枝干上晒太阳。

我的皮毛是红褐色的，就如同铁锈一般。人们都说我很狡猾，其实我也很害羞。
我会在夜晚的树林和田野间捕食老鼠。

我是谁？

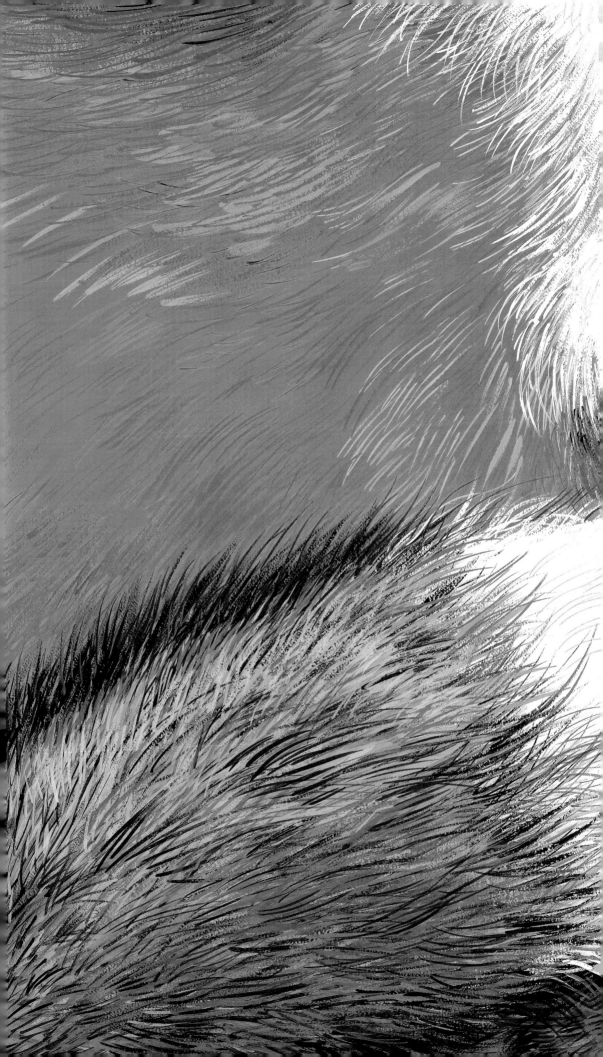

狐狸

我和我的伴侣会在中空的木头里，或是在隐蔽的山坡上打一个洞，为我们的孩子建造一个温馨的家。

为了寻找水果和种子，我从一棵树飞向另一棵树，我那鲜艳的羽毛在雨林中闪闪发亮。

我有既嘹亮又富有穿透力的嗓音。

我是谁？

金刚鹦鹉

我是鹦鹉中的大个子。我那巨大而有力的嘴可以咬碎硬邦邦的坚果。
我不仅美丽耀眼，而且还很聪明哦。

北美红雀，也经常被叫做红衣主教，栖息于北美洲的林地、花园、城市和城镇中。它通过大叫和拍打翅膀，拼命捍卫自己的领土和伴侣。实际上，大多数时间里，身披红毛、外表靓丽的雄鸟，总是和羽毛暗淡、相貌平平的雌鸟出双入对。雌鸟会在隐蔽的草丛或茂盛的灌木丛中，用树皮、小草、树根或毛发编织自己的巢穴。鸟妈妈一次要孵3~4只蛋，这些蛋是蓝绿色的。在这段时间里，鸟爸爸要负责鸟妈妈的伙食。当鸟宝宝出生后，忙碌的鸟爸爸还要捉昆虫给它们吃。

皇后鹦嘴鱼的身上有许多鲜艳的颜色。它们在加勒比海和西印度群岛热带水域的珊瑚礁中到处游弋，以生长在各种珊瑚上的藻类为食。这些珊瑚看起来像植物，实际却是动物。鹦嘴鱼用"喙"和长在喉咙深处的四个牙齿把珊瑚咬碎。它们的胃口很大，使得成体可以长到1.2米长，重达20千克。在夜晚，鹦嘴鱼能在身体周围鼓起一层透明的泡泡保护膜。只要泡泡上有任何风吹草动，都能够惊醒鹦嘴鱼，让它意识到潜在的危险。许多种类的鹦嘴鱼都可以根据周围的环境稍稍改变体色。

黄熊毛虫身上有很多黄色、白色、橙色和淡红色的毛毛。这些毛里有很多刺，让捕食者一看就大倒胃口。这种毛虫是从弗吉尼亚灯蛾的卵中孵化而来的。当它吃了很多食物慢慢变胖后，会用自己的毛织出一个柔软的保护茧。在化蛹阶段，毛虫就在茧里面安静地休息着。终于，神奇的一幕出现了：一只美丽的蛾子从茧里爬了出来，那是一只腹部有着黄色条纹，白色翅膀上镶嵌着黑点的弗吉尼亚灯蛾。

　　海葵可是一种致命的捕食者。在它那美丽的、像植物枝条一样的触手上，长着有毒的刺，会刺晕它的猎物。海葵以小鱼、浮游生物、小虾为食。亮橙色的小丑鱼可以隐藏在海葵的触手中，因为它们有一层黏液做的"外衣"保护自己不被海葵刺到。海葵还有一只黏糊糊的、强有力的脚，能够使它固定在岩石或者其他坚硬的表面上。它甚至可以在海底慢慢地移动。有时，它会以漂浮或翻跟头的方式移动到一个新的位置。顺便提一句，海葵可以活到一百岁哦。

　　绿鬣蜥生活在南美洲、中美洲、墨西哥以及西印度群岛的热带雨林中。这种爬行动物可以长到2米长，重达13千克。年幼的鬣蜥以昆虫为食，但之后会更喜欢吃水果、树叶和花朵。鬣蜥很"沉默"，不能通过声音交流。为了逃避敌人，它会舍弃一段尾巴，或者潜入水中半个小时。虽然对鬣蜥而言树上可能更安全，但雌鬣蜥还是会在山坡下的沙地里挖洞生蛋。

　　赤狐重约7千克，看起来只是比大型的家猫略大一些。和猫一样，赤狐会猛地扑向猎物，而且也有一对椭圆形的瞳孔，但实际上赤狐属于犬类家族。赤狐拥有与众不同的敏锐听觉，经常为了听得更清楚而直起身子，靠后腿站立。它的食物包括昆虫、啮齿动物、鸟类、水果和橡子。赤狐会在晚冬时寻找伴侣。随后，它们会挖一个长约15米、有多达5个入口和10个出口的洞穴。不久之后，它们会有4~8个活泼的宝宝出生。赤狐爸爸和赤狐妈妈会为了保护它们的孩子不受熊、狗、狼、猫头鹰和其他捕食者的袭击，而将生命置之度外。

　　五彩金刚鹦鹉的羽毛是五颜六色的。和许多其他的鸟儿不同，雄性和雌性五彩金刚鹦鹉都有非常美丽的羽毛。金刚鹦鹉住在墨西哥、中美洲和南美洲潮湿的低地雨林中。它们会在高达30米的枯萎的棕榈树树洞中筑巢。交配完毕后，雌金刚鹦鹉会静静地孵化它产下的两枚蛋，而雄金刚鹦鹉会给雌鸟喂食。金刚鹦鹉的家庭成员间会互相梳理羽毛，同类之间会唧唧喳喳地聊个不停。金刚鹦鹉总在白天休息，到了傍晚才一起出去寻找食物，从雨林树冠的枝丫间优雅地飞过。

图书在版编目(CIP)数据

我爱浓妆艳抹 / （美）菲利斯·林巴赫尔·蒂尔德斯
文图；蓝晓楼译.—上海：少年儿童出版社，2017.1
（动物色彩图画书）
ISBN 978-7-5589-0036-5

Ⅰ.①我… Ⅱ.①菲… ②蓝… Ⅲ.①动物—儿童读物
Ⅳ.①Q95-49
中国版本图书馆CIP数据核字（2016）第283185号

著作权合同登记号 图字：09-2016-747号
The simplified Chinese translation rights is arranged through
Rightol Media.
本书中文简体版权经由锐拓传媒取得(copyright@rightol.com)。

动物色彩图画书

我爱浓妆艳抹

【美】菲利斯·林巴赫尔·蒂尔德斯 著/绘

蓝晓楼 译

责任编辑 梁玉婷　　美术编辑 陈艳萍
责任校对 黄亚承　　技术编辑 陆 赟

出版 上海世纪出版股份有限公司少年儿童出版社
地址 200052　上海延安西路1538号
发行 上海世纪出版股份有限公司发行中心
地址 200001　上海福建中路193号
易文网 www.ewen.co　少儿网 www.jcph.com
电子邮件 postmaster@jcph.com

印刷 苏州市越洋印刷有限公司
开本 889×1194　1/16　印张 2
2017年4月第1版第1次印刷
ISBN 978-7-5589-0036-5/ N·1040
定价 18.00元